农业

撰文/高爱菱　　审订/郭华仁等

中国盲文出版社

怎样使用《新视野学习百科》？

> 请带着好奇、快乐的心情，
> 展开一趟丰富、有趣的学习旅程！

1 开始正式进入本书之前，请先戴上神奇的思考帽，从书名想一想，这本书可能会说些什么呢？

2 神奇的思考帽一共有 6 顶，每次戴上一顶，并根据帽子下的指示来动动脑。

3 接下来，进入目录，浏览一下，看看这本书的结构是什么，可以帮助你建立整体的概念。

4 现在，开始正式进行这本书的探索啰！本书共 14 个单元，循序渐进，系统地说明本书主要知识。

5 英语关键词：选取在日常生活中实用的相关英语单词，让你随时可以秀一下，也可以帮助上网找资料。

6 新视野学习单：各式各样的题目设计，帮助加深学习效果。

7 我想知道……：这本书也可以倒过来读呢！你可以从最后这个单元的各种问题，来学习本书的各种知识，让阅读和学习更有变化！

神奇的思考帽

客观地想一想

用直觉想一想

想一想优点

想一想缺点

想得越有创意越好

综合起来想一想

？ 生活中哪些人的职业和农业有关？

？ 你喜欢吃哪一类农产品？

？ 猪有哪些用途？

？ 农业发展给环境带来哪些坏处？

？ 如果请你当农场主人，你希望拥有怎样的农场？

？ 什么是绿色革命？

目录

 ■神奇的思考帽

CONTENTS

农业与人类生活

自古以来，农业便和人类生活息息相关。狭义的农业，是指种植农作物和饲养家畜、家禽等活动，但广义来说，凡是人类利用土地、森林、水域、草原等天然资源，来从事农作、林木、渔捞、畜牧与休憩等的生产活动，都属于农业的范围。

农业发展迄今已有约1万年的历史，因各地不同的气候与环境条件，而发展出各种不同的农业类型。（绘图/吴仪宽）

农业的起源和发展

距今约1万多年前，原本以打猎和采集为生的人类祖先，开始学会驯养动物或栽培可食用的植物，开启了农业文明。根据考古的发现，古代文明发达的地区，例如以尼罗河三角洲为中心的古埃及，以两河流域为中心的古伊拉克、伊朗，以黄河为中心的古中国等，都是农业的起源地。经过数千年的发展，农业的形态已经从依赖人力、畜力和使用

■ 地中海气候型农区	□ 商业化畜牧区	■ 游耕与原始定居农区
▨ 商业化谷物区	▨ 商业化酪农区	▨ 商业化畜牧与作物混合区
▨ 集约耕作自给区	□ 游牧区	

气候介于湿润与半干燥之间，主要作物为小麦，是最机械化的农业区。

气候凉爽潮湿，适合栽种各种饲料作物，酪农业最发达。

气候温暖、雨量充足，水稻是主要作物。

气候湿润，以小麦、玉米为主要作物，并饲养猪、牛等家畜。

气候四季分明，多丘陵地，种植小麦、玉米、橄榄、葡萄等。

气候寒冷干燥，只有牧草能生长，以游牧方式饲养绵羊、牛等家畜。

气候寒冷干燥，利用天然草原和种植牧草的方式饲养家畜。

用火烧方式开垦农地，种植甘薯、可可、棉花等作物。

内蒙古和林格尔出土的东汉壁画，显示当时的农耕生活情景。（图片提供/达志影像）

早在1万年前，伊拉克东部就开始种小麦，因此一般认为中东地区是小麦的起源中心。小麦通常被磨成面粉使用，图为一名中东妇女正在擀面皮。（图片提供/达志影像）

花卉是极具经济价值的农产品之一，美国、日本和荷兰等都是主要的花卉输出国。图为阿姆斯特丹的鲜花拍卖市场。（摄影/李宪章）

粪肥、绿肥等有机肥料，在近200年来逐渐变成了采用自动化机械、使用化学肥料，以及强调专业化、分工化的现代化农业。

人类驯养鸡的历史约有4,000年，如今鸡已成为饲养量最大的家禽。（摄影/黄丁盛）

 ## 农业的重要功能

农业生产供给生活所需要的基本物质，为人类社会奠定了发展的基础。而随着社会的发展，农业生产的目的也从自给自足，延伸到商品贸易，例如美国生产的小麦、稻米和玉米，除了供给本国的消费之外，也大量地销售到其他国家，是美国重要的出口商品。现今，随着生活形态的改变，农业更增加了休闲和教育的功能。

农业的词义

英语称农业为"agriculture"，这个词源自拉丁语。在拉丁语中"agri"指的是"土地"，而"culture"指的是"耕耘"或"栽种"，于是合起来"agriculture"就有"耕耘土地、栽种作物"的意思。在中国《汉书·食货志》中，则提到"辟土植谷，曰农"，意思是说翻土除草、栽培五谷，就是农业。这两者的解释，都充分说明了农业最初且最根本的含义。

农艺作物

地球上的植物种类繁多，有些植物能满足人类生活所需，于是经过人们的选择并加以栽培，形成了各种"农作物"。依据栽培对象和方式的不同，农作物又分为农艺作物和园艺作物两大类；其中农艺作物依据用途的不同，又分粮食作物、经济作物和饲料、绿肥、覆盖作物等。

 ## 粮食和经济作物

粮食作物包含了稻米、小麦、玉米等谷类植物，或马铃薯、甘薯等块根茎

现今人类所种植的稻和麦类，都是由野生品种改良而来。野生稻和野生麦的茎、叶，比现生稻和麦细长，长得高，容易倒伏，而且谷粒结实较少。（绘图/马培容）

高粱是主要的粮食和饲料作物，形态和小米类似，但果实较大，茎秆也较挺直。（图片提供/达志影像）

植物，它们含有丰富的淀粉，是人类主要的食物来源；大豆等豆类植物则可提供蛋白质。经济作物常需经过较复杂的加工程序，才能供人类使用，例如棉花及麻类作物制成布料，甘蔗及甜菜制成砂糖，茶树嫩叶采摘后制成茶叶等。大豆、油菜可以提供植物

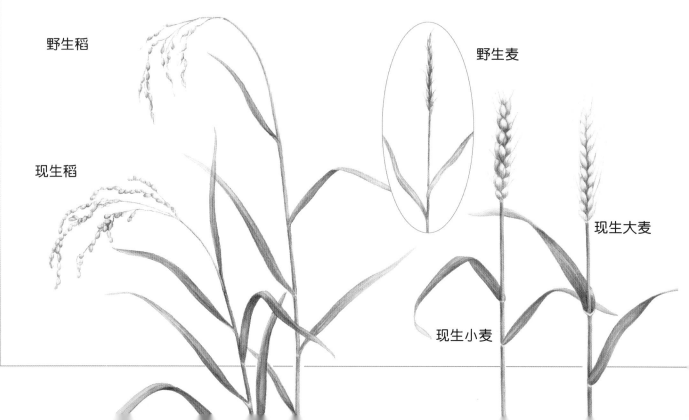

野生稻

现生稻

野生麦

现生大麦

现生小麦

油，也算是经济作物。经济作物的栽培受限于地理环境和气候，因此常是某一个地区重要的经济特产，例如印度的棉花、台湾的甘蔗等。

烟叶是一种经济作物，最早起源于美洲。烟叶采收后须经由烘烤等多重工序，才能制成香烟。（摄影/黄丁盛）

右上图：马铃薯起源于南美洲，后来由西班牙人传入欧洲。最初，人们只是将马铃薯当作观赏植物，后来因为能够解决饥荒问题，马铃薯才成为重要作物，于18世纪正式栽培。（图片提供/达志影像）

饲料、绿肥和覆盖作物

除了供人类食用，植物还可以用来饲养家畜，或是保护土壤，使农田肥沃。饲料作物可用来饲养牛、羊等家畜；牧草的种类包含禾本科的盘固草、狼尾草、青割玉米，以及豆科的埃及三叶草、紫花苜蓿等。绿肥作物如大豆、田菁、紫云英等豆科植物，农民将这些植物的新鲜植株直接翻入土壤当作肥料，以改善土壤的性质，增加土壤肥力，帮助作物生长。覆盖作物则是茎叶茂盛的草本植物，可以防止土壤流失、稳定坡面，也可以提高土壤有机质含量与改善微生物相，如百喜草、多年生的大豆或花生等。

油菜属十字花科，也是一种绿肥作物，油菜花还含有丰富的花蜜，是蜜蜂的重要蜜源。

栽培稻的起源

中国台湾学者张德慈博士提出超级洲理论，认为栽培稻起源于喜马拉雅山南麓周缘，以及中国南方与西南的一些地带。目前发现最早的种稻遗址在中国湖南省澧县的彭头山，该处出土的陶器含有稻谷，年代约在7,000至9,000年前。浙江省河姆渡村所出土的大量稻谷则约为5,000至7,000年前。

干牧草易于贮藏，是牛、羊等家畜冬季的主要食物来源。（图片提供/达志影像）

园艺作物

除了粮食作物，人类为了满足不同的生活需求，还种植了蔬菜、水果和观赏植物，这些就是"园艺作物"。园艺作物的种类多，品质的变异性也很大，往往需要更精细的栽培和管理技术，但它的经济收益比一般农艺作物高，所以中国北方有"一亩园，十亩田"的农谚。

蔬菜和水果

蔬菜大多为草本植物或是菇类，生长收获的时间较果树短；水果主要来自木本的果树。蔬菜和水果能提供人体需要的维生素、纤维素和矿物质，对维护人体健康有极大帮助。蔬果的种类很多，蔬菜可分为根菜类、茎菜类、叶菜类、花菜类、果菜类、芽菜类、辛香类、野菜类、食用菌类

在蔓越莓采收时节，果农会先引水注入莓田，使蔓越莓树浸在水中，再用特制的工具将莓果从树上拍打下来，让莓果浮在水面，最后将漂浮在水面上的莓果集中起来，装运加工。（图片提供/达志影像）

等；果树依气候分为热带水果果树与温带水果果树；依习性则分为长绿果树与落叶果树。

经过人们的栽培改良，原本生活在干燥沙漠的仙人掌，成了造型特别的观赏植物。（摄影/黄丁盛）

观赏植物

凡是植物的根、茎、叶、花、果实等部位，可供人们观赏的，都可作为观

赏植物。生活中最常见的就是各种美丽的花卉和盆栽，世界上产量最大的花卉是菊花、玫瑰和康乃馨；树木也可以作为观赏植物，例如高大的椰子树和蒲葵、美丽的枫树等。观赏植物虽然不能用来填饱肚子，但却可以用来造园、美化居住环境、净化空气，甚至发展观光，因此在人们的生活中也有十分重要的功能。

阿拉斯加的Matanuska山谷的一位农民收获了一颗重达30多千克的甘蓝菜。（图片提供/达志影像）

动手做押花卡片

除了观察之外，我们也可以发挥巧思，将各式各样的叶片花朵制成美丽的押花卡片。准备材料：花朵数朵、书本、镊子、面纸（隔绝花朵和书本用）、色纸、彩色笔。

（制作/林慧贞）

1. 先将花朵夹在2层面纸之间，然后放进厚书本中间压住，直到花干燥为止。
2. 将干燥好的花朵，用镊子摆放在底纸上。
3. 再用色纸剪贴图案和用色笔装饰卡片。
4. 卡片制作完成后，再将其一起塑封就完成啦！

左图：花卉是生活中最常见的观赏植物，具有美化环境的功能，某些种类的花卉甚至还具有药用价值。图为荷兰库肯霍夫花园。（摄影/李宪章）

农作物的栽培

农作物的栽培方式，最早只是将植物的种子直接种在土壤里，等作物长大成熟后，再加以采收利用，然而这样的农作方式产量有限。随着社会进步、人口日益增加，人类为了增进农作物的产量，以供养更多的人口，于是渐渐发展出各种更进步的栽培方法。

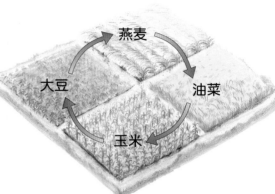
燕麦
油菜
大豆
玉米

在17世纪，人们发现饲料作物对土壤有益，于是将谷类作物与大豆、油菜等作物交替耕种，使农地能发挥最大的效用，提高农作物产量。（绘图/张文采）

浮根式水耕栽培的原理是将植物根系末端部分浸在培养液中，其他部分则暴露在空气中，是一种最简单、最易管理的水耕栽培方式。

 ## 栽培制度

在同一块农地上，某段时间之内栽培作物的种类，以及不同作物在时间上与空间上的配置方式，称为作物栽培制度，包括游垦、连作、轮作、间作、复作等。连续种植同一种作物，容易使土壤的肥力降低、病虫害增加。为了避免这种情形，除了施肥及喷洒农药，农民也会采用"轮作"，以几种作物轮流耕种，由于不同作物对水分、养分的需求，以及对抗病虫害的能力不同，因此轮作具有互补的效果，可以改良土壤特性、减少土壤冲刷，也能减少病虫害的发生，进而维持或增进作物的产量。在相同的农地上，以及相同的生长期内种植两种以上的作物，称为"间作"。间作能充分利用空间，提高土壤养分与水分的利用，并增加作物收获的稳定性。一年内同一区农田种植一种以上的作物，称为"复作"，可增加农地的利用率。

种植农作物时，作物之间保持适当的间隔，有助于施肥、喷农药等栽培管理，以及让作物充分生长。（图片提供/达志影像）

在亚洲地区，水稻通常会先经过育苗，然后再插到水田中，这样可使稻根吸收水中溶解的氧气和肥料，还能维持根、茎的温暖，免除寒害。（摄影/黄丁盛）

在果树生长期间，适当修剪枝条、叶梢或根部，可以促进果树的生长，改善开花和结果。（图片提供/达志影像）

栽培管理

为增进农作物的产量，除了选择良好的作物品种和栽培环境，也需要有良好的栽培管理技术，

例如在播种前先整地、翻土，使土壤松软、通气，利于作物种子发芽；建立良好的排水灌溉系统；在作物生长期间，适当地施肥、拔除田间多余的杂草、预防病虫害的发生；在适当的时期采收、保存等，都有助于提高作物的产量。此外，在果树的栽培过程中，进行适当的整枝和修剪是重要的管理工作，可以促进果树生长，并改善开花和结果。

水耕蔬菜

一般农作物都是种在土壤中，不过随着栽培技术的进步，人类发明了用水取代土壤来栽培作物，称为"水耕栽培"。水耕蔬菜是将蔬菜的植

通过水耕方式来生产蔬菜，较一般土耕方式简单且快速。（绘图/穆雅卿）

株固定在水面上，使其根部浸入加有营养液的水中，蔬菜便能直接吸收水中的营养素而生长。水耕栽培的优点是不受土地限制，没有土壤病虫害的问题，所生产的蔬菜也比较清洁。

农业机具的发展

进入农耕生活后，人类开始借助各种工具来开垦土地，以便种植作物。最早的农具仅仅是一端削尖的木棒、开叉的树枝或是磨制过的石头。随着人类不断的改良和发明，以及适应生产的需要，农业机具的构造和功能，也从简单变得复杂，并且逐渐改善农民的生活，以及提高作物的产量。

改良变成像铲子一般的"耜"；耜再加以改良，便成了沿用至今的"犁"。此外，中国在三国时代，马钧改进了龙骨水车（又称翻车），不但能将低地的水引到较高的农田灌溉，也可用来排除农田积水，对中国古代的农业影响很大，甚至传到欧洲与日本。

传统的农业器具

早期的农具构造很简单，主要是用石、木或骨质材料制成，人们用石斧等砍伐树木和杂草，进行整地；用尖木棒松土播种；用石刀、陶刀和蚌壳收割作物；用石磨盘、磨棒和石臼加工。后来，人们在尖木棒的下端绑上短横木，称为"耒"，便于用脚蹬踏翻土；耒再经

早期人们利用耒（右）、耜（左）等传统农具来翻土，较费时、费力。（绘图／张文采）

以牛拉犁来翻土，比起只用人力有效率。

拖拉机问世后，农民以自动化方式带动犁来翻土，变得更省力，也更有效率。（图片提供／达志影像）

现代农业机械化

传统的农具大多依赖人力或兽力作为动力，工作效率较低。现代的农业机械构造复杂，使用引擎产生动力，大大提高了农耕的效率。19世纪发明的拖拉机，是重要的农业机械之一，翻土用的犁、播

在拖拉机的后面接上插秧机，借由拖拉机所产生的动力，便能轻松插秧。（摄影/黄丁盛）

种机和收割机等，都是由拖拉机拖动。此外，收割机的种类很多，分别适用于不同的农作物，可以大量节省人力；其中联合收割机在收割水稻、小麦等谷类作物时，还能顺便将谷粒打脱，是兼具传统镰刀与脱谷机功能的现代农业机械。

联合收割机是一种多功能的现代化农业机械，将谷物收割、脱粒一次完成，十分高效。（图片提供/达志影像）

荷兰风车

提到荷兰，总让人联想到它独特的风车景观。的确，荷兰人曾经拥有数以千计的风车，而博得"风车故乡"的美名，但为什么要建造这么多风车呢？其实，风车是荷兰人利用当地得天独厚的风力资源，推动磨坊中的磨盘，将农作物磨粉、磨碎或榨油的工具。后来为了围海造田和排除低洼地区的水，荷兰人便将风车加以改良，使它具有排水的功能，因此风车可以说是荷兰农业发展的重要机具。随着科技的发达，风车的功能渐渐被现代化的机械取代，于是转而成了现在荷兰发展观光的特色景观。

在越来越重视节能的时代里，风车利用自然风力运作的方式，将可能重新被人们重视和研究。

农作物病虫害

病虫害的记录，早在西方的《圣经·出谷记》就已记载，那时古埃及蝗虫肆虐。病虫害的发生会影响作物的生长，严重时还会降低作物品质和产量，不但使农民遭受重大损失，甚至造成可怕的饥荒。因此，如何减少病虫害的发生，一直是农业发展的重要课题。

蝗灾常发生于干旱的夏季，往往造成严重的农作损失。图为非洲一处小米田，正遭受大群蝗虫的侵袭。（图片提供/达志影像）

常见的病虫害

自古以来，蝗虫便是农民闻之色变的害虫。蝗虫过境往往漫天盖地，将地面上的作物和野生植物一扫而空。除了害虫的啃食，不良的环境或是细菌、病毒、真菌等生物的感染，也会导致农作物生病，当作物生病时，往往发育不良，茎和叶枯黄或产生斑点。1845—1850年，全爱尔兰的马铃薯受到疫病菌感染，连着5年无法收成，因而造成百万人饿死，百万人移民北美，史称"爱尔兰马铃薯大饥荒"。

几种作物的病害和虫害。病虫害发生的部位，视种类而异。（绘图/张文采）

谷粒和稻叶，受病菌感染而变黑、枯黄。

稻叶也是蝗虫喜爱的食物之一。

黄瓜的茎、叶染病枯黄。

瓜实蝇在果实上产卵，幼虫孵化后便啃食果肉。

甘蓝菜叶子染病枯黄。

菜粉蝶将卵产在叶子上，幼虫孵化后便啃食叶子。

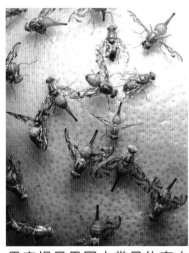

果实蝇是果园中常见的害虫之一。图中柑桔果实正受到果实蝇的危害。（图片提供/达志影像）

当玉米感染黑穗病，受感染处会出现白色的肿块，肿块破裂后，里头出现黑色的粉末，因此得名。（图片提供/达志影像）

 ## 对抗病虫害

和人类对抗疾病的道理一样，"预防重于治疗"也是对抗农作物病虫害的不二法门。除了直接喷洒农药杀死害虫或病菌，通过一些栽培管理技术也可以预防，例如采用轮作；选择健康的种子及较具病虫害抵抗力的品种；种植时保持作物适当的间距；扑灭受感染的植株和清除枯枝落叶、杂草，减少病虫滋生和传播等。此外，落实植物检疫的工作也很重要，凡是各种进口的农产品，以及要卖给农民的种子或幼苗等，都必须先经过检查，确认不带有任何病菌或虫卵，这样才能避免病虫害的发生和传播。

DDT农药的故事

早期的农药，主要利用无机物如石灰、硫黄，或天然植物如除虫菊等的提取物，直到1939年，瑞士化学家穆勒发明了一种称为DDT的化学合成药剂，能有效杀除蚊虫，避免疟疾蔓延，于是DDT很快就普及全球，并被人们广泛地作为农药使用。此革命性的发明，使穆勒获得了1948年诺贝尔医学奖的殊荣。然而，不久后科学家却惊讶地发现，这类杀虫剂竟能持续残留在环境中，对自然生态造成严重的毒害，从此许多国家明令禁用DDT，改用毒性较低、不会残留的农药。

喷洒农药是预防和消灭农作物病虫害最快速的方式，但长期大量使用，容易造成土壤污染、水污染等环境问题。（图片提供/达志影像）

给水果套上袋子，可以保护果实不受害虫和病菌的危害。（摄影/黄丁盛）

畜牧业1

畜牧业又称为"动物农业"，起源于人类对动物的利用和畜养，最早可以追溯到距今约八九千年前的新石器时代，西亚一带开始驯养绵羊和山羊。之后，新石器时代的人们又陆续饲养了猪、牛、马等牲畜，而中国是最早养猪的国家。

现代化养猪场通过保温、自动化等设备，来饲养猪崽，符合干净、卫生的原则。（图片提供/达志影像）

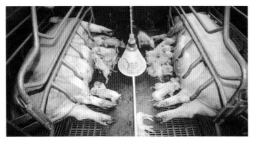

家猪（右）据说是由野猪（左）驯化而来的，人们为了取得更多的肉和油脂，不断进行品种改良，猪的体形也就变得越来越浑圆了！（绘图/马培容）

 ## 家畜的种类和饲养

现代农民饲养的家畜，主要有猪、牛、羊、马和鹿等哺乳动物。在澳大利亚、新西兰、中亚、北非、北美西部和中国的内蒙古自治区、西藏自治区等地，拥有广大的草原，由于天然的牧草丰富，因

游牧是最早的畜牧方式，至今仍盛行于干燥的草原区，如中国内蒙古自治区、新疆自治区和中东等地。这些逐水草而居的游牧民族，主要畜养的家畜以绵羊、山羊及牛为主，也有少量的马和骆驼。（图片提供/达志影像）

此常以放牧的方式来饲养牲畜。在其他气候温和、人口稠密的农业地区，可供畜牧活动的范围比较小，所以多围以栅栏或建造畜舍，以人工饲料或饲料作物，代替天然牧草来饲养。

通过自动化的挤乳设备，可以大量地生产牛奶。大多数乳牛每天大约可以挤出约10—15升牛奶。（图片提供/达志影像）

家畜的利用

家畜除作为肉用，供给人体所需的蛋白质和脂肪外，还能作为役用、乳用、毛用和皮用等。例如早期农民用牛来耕田或运送货物；马能作为交通工具；乳牛能生产牛奶，加工成为乳酪和奶油；绵

到了春天或初夏，绵羊不需要长毛来保暖，这时候剪羊毛工人就可以进行剪毛的工作了。（图片提供/达志影像）

羊的毛可以做成保暖的毛衣；猪毛又称猪鬃，可以制成好用的梳子或刷子；牛皮、羊皮等可以制成美观的皮衣、皮鞋或皮包；而猪粪产生的沼气，甚至可以代替燃气作为燃料使用。

猪的医学贡献

近年来，生物学家发现猪的生理结构、血液循环系统、眼睛、牙齿、消化器官和肾脏等，都和人类极为相似，而且猪对药物和疫苗的反应，也比传统医学实验用的老鼠、兔子，更接近人体的反应。因此，许多慢性疾病的医学研究，逐渐以猪为实验对象，对人类贡献良多。此外，猪心瓣膜可用来代替人体心脏的瓣膜，在心脏外科手术中应用极广。

牛奶除了可以直接饮用之外，还可以加工成牛油、奶油和奶酪等乳制品。图中的品管人员正在检查奶酪的味道和外观。（图片提供/欧新社）

畜牧业2

家禽是从野鸟驯养而来，而鸡是人类最早饲养的家禽。新石器时代在中国的许多遗址中，已有鸡骨和陶制的鸡。

家禽的种类和饲养

目前世界上主要饲养的家禽，包含鸡、鸭、鹅、火鸡等，其中又以鸡和鸭的饲养最多。不同国家饲养的鸡和鸭，种类不尽相同，但依生产用途可分为肉用和蛋用两大类，肉鸡用以快速产肉，蛋鸡用以大量产蛋。一般来说，蛋鸡的

鸭、鹅的羽绒质轻、保暖，最适合制作防寒衣物。（摄影/张君豪）

饲料中会添加钙质等营养素，以提高产蛋的品质和效率；至于肉鸡则提供高蛋白质的饲料，以快速生产优质的鸡肉。鹅的食性较广，因此多以放牧的方式来饲养，产地以中国和欧洲为主；火鸡原产于墨西哥，被印第安人驯化，美洲和欧洲是主要饲养和生产的地方。

现代化的养鸡场有人工的灯光照明，饲料和水的供应都是自动化的。（图片提供/达志影像）

家禽的利用

禽蛋和禽肉具有完全的营养，富含容易被人体消化吸收的蛋白质、维生素和矿物质。和畜肉相

比，禽肉所含的脂肪量较低，吃起来比较健康，尤其是肉质柔嫩的鸡肉最受人们欢迎；据估计目前全世界各地每年约消耗3,000多万吨的禽肉和重量相近的蛋，并且有逐年增多的趋势。家禽的羽绒具有保温的功能，轻便耐用，可用来制作羽绒服装及被子等；而禽粪所含的氮、磷、钾成分高于畜粪，可作为优质的粪肥。

火鸡胃口大、吃得多，是一种长得很快的家禽。（图片提供/达志影像）

鹅肝酱的原料是取自以人工方式填喂的鹅或鸭的肥肝，是闻名于世的法国美食。（图片提供/维基百科）

左图：东南亚国家饲养鸭子，大多采用半放牧的方式，鸭子到田间觅食，不但可以帮助除去害虫，排泄物也成了天然肥料。（摄影/黄丁盛）

斗鸡

鸡的种类繁多，除了用来生产鸡肉和鸡蛋的品种，还有可供竞赛和娱乐的品种，称为"斗鸡"。斗鸡较一般鸡体形魁梧、肌肉健壮结实、翅膀拍打起来十分有力，经过人类细心的饲养和训练，就能进行斗鸡的比赛。一般公的斗鸡成年后，要经过3次的试斗和3个月的训练，才能正式参加比赛。斗鸡游戏起源于亚洲，中国、

斗鸡起源于亚洲。玩家会挑选体形魁梧、结实的品种，并从幼雏时开始训练。（摄影/黄丁盛）

印度、日本、越南、泰国等，都是驯养斗鸡历史悠久的国家，后来才传到欧洲及世界其他地方。

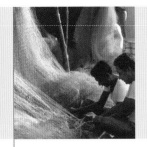

渔业1

渔业是指人们从水中采取各种生物，包含捕捞、水产养殖等；此外，广义的渔业还包括水产加工。

 ## 捕捞

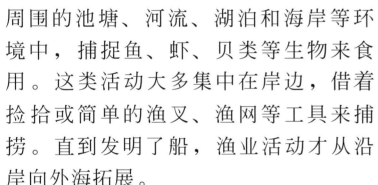

人类早期的渔业仅限于捕捞，早在农耕生活以前，人们便懂得从周围的池塘、河流、湖泊和海岸等环境中，捕捉鱼、虾、贝类等生物来食用。这类活动大多集中在岸边，借着捡拾或简单的渔叉、渔网等工具来捕捞。直到发明了船，渔业活动才从沿岸向外海拓展。

海边的岩岸是许多贝类、蟹、藻类等的栖息地，在海水退潮后，人们便可以在这里捡拾这些水产品。（图片提供/达志影像）

现代渔船以引擎产生动力，并有各种配备和装置，而为了确保渔获的品质，渔船上的保鲜设备也十分重要。（图片提供/黄丁盛）

左图：渔夫划着竹筏，带着会帮助捕鱼的鸬鹚，一起到河里捕鱼，这是中国南方的一种特殊的捕鱼方式。（图片提供/达志影像）

 ## 水产养殖

自从人类发展出人工饲养鱼类的技术后，渔业便增加了水产养殖。中国在3,000多年前的商朝便已经出现淡水养鱼，是世界上发展最早的国家之一；到了春秋时代，范蠡还写过《养鱼经》，是全世界最早的水产养殖著作。大约在2,000年前，古罗马人已懂得在海湾饲养牡蛎，牡蛎的营养价值高，欧洲人称为"海产牛乳"。水产养殖可分为淡水养殖和海水养殖，养殖各种鱼、虾、蟹、贝类和藻类等。

沿海地区有自陆地冲刷而来的有机养分，可促进浮游生物的生长，适合养殖牡蛎。（图片提供/达志影像）

🚜 水产加工

除了直接供人类食用外，水产品还有许多其他的用途，例如将鱼制成鱼粉，可作为畜牧业和水产养殖业的优良饲料；从鱼体中萃取的鱼油，可用于制造人造奶油、肥皂和药物；鱼肝油萃取自鱼肝，富含维生素A、D，是一种常见的营养保健食品；另外，从鱼鳞和鱼皮萃取的胶原蛋白，从虾蟹的甲壳萃取的甲壳素，以及从藻类萃取的藻胶，都可以当作食品、医药以及化妆品的原料。

渔业调查船

渔业调查船也是渔船的一种，但它的功能并不是用来捕捞，而是专门从事水产资源、渔场和海洋环境等科学调查研究用的渔业辅助船舶。它的工作包括：调查研究潜在渔场、渔汛期的发生和持续时间、鱼类资源的种类、分布密度和变化动态，以及试验渔具、渔

科研人员正在船上进行鱼类研究，记录鱼的身长和重量等。（图片提供/达志影像）

法和渔获物保鲜的加工方法等。渔业调查船上除了装有2—3种捕捞作业装置外，还包括各种实验室和科学研究设备。渔业调查船的调查和研究，不但有助于提高渔业的生产和品质，同时也有助于海洋保护工作的进行。

经过食盐的腌制，鱼肉里多余的水分被去除，变成可以保存较久的鱼干。（图片提供/维基百科）

渔业 2

在各种渔业活动的环境中，以海洋的面积最大，能够供应人类最多、最丰富的水产资源，因此海洋渔业一直都是渔业发展的重心。

 海洋渔业

从沿岸、近海到远洋，随着海洋环境的改变，渔业活动的方式也有所不同。沿岸的潮间带或沿海地区（包括河口），

石莼是一种在礁石岸边常见的海藻，渔民常至海边采拾，营养价值很高。（摄影/黄丁盛）

有各种鱼类、贝类、虾蟹类和海藻等生长，因此人类常直接采集或用网捕捞，并在沿海陆地从事鱼类、贝类等的养殖。离开海岸越远，海洋的深度越深，分布在海洋上、中、下层的鱼类不同，人类也发展出各种不同的捕捞方式，例如以绳钓方式来钓取活动于海洋上、中层的鱼类；将渔网围成圈，固定在洋流流经的区域中，

延绳钓，细长绳线绑上无数的钓钩和鱼饵，钓取海水表层的鱼类，如金枪鱼。

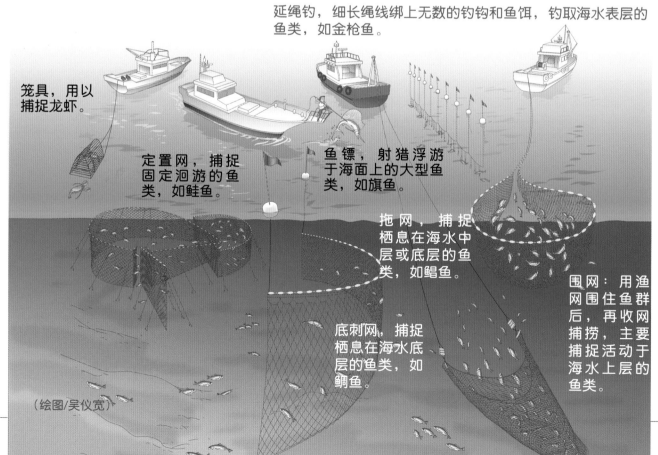

笼具，用以捕捉龙虾。

定置网，捕捉固定洄游的鱼类，如鲑鱼。

鱼镖，射猎浮游于海面上的大型鱼类，如旗鱼。

拖网，捕捉栖息在海水中层或底层的鱼类，如鲳鱼。

底刺网，捕捉栖息在海水底层的鱼类，如鲷鱼。

围网：用渔网围住鱼群后，再收网捕捞，主要捕捉活动于海水上层的鱼类。

（绘图/吴仪宽）

以捕捉洄游性的鱼类；或将长方形的渔网放到海底深处，以捕捉生活在海底的鱼类等方式。

水产品的种类繁多，其中以鱼类最多，全世界有2万多种鱼，人类利用100多种。（图片提供/达志影像）

世界五大渔场

凡是鱼类聚集洄游、容易捞捕的区域，便称为"渔场"。目前世界有五大渔场，分别位于西太平洋、东北太平洋、东南太平洋、西北大西洋和东北大西洋。这些渔场多位于寒、暖流交汇处，而且海底为广大的浅滩大陆架的水域。当洋流交会时，会带起沉在海底的营养有机物质，能供养丰富的浮游生物，也为鱼类提供了一个理想的觅食、洄游和产卵、饲育场所。

东北太平洋渔场：
本区北部主产鲑鱼，南部以金枪鱼、鳕鱼及青花鱼等为主。

北美洲

西北大西洋渔场：
本区北部所产以鳕鱼价值最高，南部以鲱鱼为主。

东南太平洋渔场：
此区以洄游性的鳀鱼最多。秘鲁的渔获量曾高居世界第一位，目前仍为重要的渔业国家。

东北大西洋渔场：
此区的冰岛水域及整个北海，是欧洲最佳和历史最久的捕鱼场。北区主产鳕鱼、鲱鱼、青花鱼和沙丁鱼。

亚洲

西太平洋渔场：
本区北部主产鲑鱼，南部主产黑鱼、青花鱼、黄鱼。

渔网的学问

利用渔网捕捞是最普遍使用的捕鱼方式，但若是网具留在海底，就成了海洋生物的死亡陷阱。此外，在捕捞的过程中，由于渔网是随机施放，不确定可以捕到哪种鱼类，因此常造成大小鱼通吃，浪费了海洋资源。为了避免这样的情形，人类除了应不随意丢弃渔网之外，同时也发展各种网目大小不同的渔网，来捕捞体型大小不同的鱼类，如此一来，非目标的鱼类或鱼苗，就可以逃过被捕捞的命运，进而让海洋资源生生不息。

为保护海洋资源，许多国家制定相关法规，规定渔网的网目大小不得小于成鱼的平均体型。（图片提供/达志影像）

水产品经过适当的干燥后，可以延长保存的时间，也可制成各种干制品销售。（图片提供/达志影像）

林业

森林供应人类所需要的木材，除用作建筑、家具，也曾作为燃料，是生活中不可或缺的物质。然而，自然的森林面积有限，树木再生也需要较长的时间，因此森林所能供应的木材是有限的，需要通过适当的管理，才能确保人类有足够的木材使用，因而促成了林业的发展。

护林员观察和记录森林的各种情况。
（图片提供/达志影像）

大兴安岭是中国主要的林区，又称"落叶松故乡"，一度因过度砍伐与森林大火，而森林蓄积量下降，自1998年起实施造林等措施，图为冬季时工作人员将苗圃中的苗木取出。
（图片提供/达志影像）

 ## 森林的保姆 —— 护林员

森林里的树木虽然长得又高又壮，但其实很脆弱，一旦发生火灾，整片森林就会化为灰烬。此外，森林也怕狂风暴雨的击打、野生动物啃咬和病虫害，因此林业主要的工作就是照顾和种植树木，而负责这项工作的就是护林员。他们时常在森林里巡逻，检查是否有会引起火灾的火苗，观察记录树木生长的情形，还要禁止人为的滥垦。此外，在苗圃里培育树苗，然后移植到森林里，也是护林员的工作。

 ## 木材利用和保存

树木作为木材使用，可分为软木和

硬木两种。分布于北美、北欧、俄罗斯等寒带森林中的针叶树如松、杉等，属于软

木；而分布于亚洲等温、热带森林中的阔叶树如橡树、桦树、槭树等，则属于硬木。软木的质地较均匀细致松软，容易加工，是最有价值的木材，可以用来造纸、建屋和制作家具，而硬木质地坚硬，多用于制造家具、地板和燃料。木材在利用前通常会经过防腐处理，以减少日后发生腐朽、发霉和虫蛀，而延长木制品使用的时间。

被砍伐下来的木材，有的被送到锯木厂加工成原木材料，有的则被送进木浆厂制成木浆。木浆是纸张、人造丝和其他制品的原料。（图片提供/达志影像）

木材被砍伐下来后，可借由天然的河流，或是各种机械来搬运。（图片提供/达志影像）

防护林

人类除了利用森林来生产生活所需的物质之外，也利用森林来保护生活的环境，这一类具有保持水土、防风固沙、涵养水源功能的天然森林或人工林，便称为"防护林"。在风沙大的地区，防风林能减少地面土壤受到风侵蚀而流失，进而保障农田的生产；在水土容易流失的地方，有水土保持林的保护，就能减少泥石流的发生；而沿海防护林则可以减少沿海地区因海风终年吹拂所造成的盐害。由于防护林具有重要的功能，不能任意地加以砍伐利用，因此各国都制定有相关的法规来加以管理。

农民在农田四周种植防护林，借此保护农作物不受风害。图为美国北达科他州农地四周的防护林。（图片提供/维基百科）

绿色革命

和人类的生活关系最密切的作物，就是稻、麦、玉米等粮食作物。粮食作物的产量若能满足人口的需求，社会才会稳定发展；如果人口数量远超过粮食作物的产量，将会发生饥荒、影响社会安定。因此，随着人口的快速增加，粮食作物的生产将成为重要的问题。

玉米改良的品种非常多，图中的品种颜色和形状各异。
（图片提供/维基百科）

绿色革命的起源

1953年美国科学家博劳格在墨西哥成功培育出小麦新品种，不仅解决了墨西哥粮食不足的问题，还使墨西哥成为小麦出口的国家。这个产量比一般小麦高出5倍的新品种，后来被推广到其他国家，也解决了当时世界上粮食不足的问题，被称为"奇迹麦"。这项突破性的农业发展，所造成的影响足以媲美18世纪的产业革命，因此被称为"绿色革命"。绿色革命

1960年成立的国际稻米研究中心（IRRI），位于菲律宾马尼拉，多年来收集世界各地的水稻种源，并研究、发展出优良的水稻品种，协助各水稻生产国家提高水稻产量和品质。图为菲律宾农民使用IRRI研发出的播种机，可提高产量。（图片提供/欧新社）

的成就也展现在稻米和玉米方面，位于菲律宾的"国际稻米研究中心"运用中国台湾的"台中在来一号"品种，于1968年培育出"奇迹米"的水稻新品种，同样大幅提高了稻米的产量。

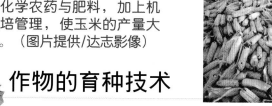

第二次世界大战后，美国开始大量使用化学农药与肥料，加上机械化栽培管理，使玉米的产量大幅增加。（图片提供/达志影像）

作物的育种技术

绿色革命的出现，主要是育种技术的突破，加上当时已发展出相当进步的农业机械、灌溉技术、肥料和农药。育种技术是利用杂交的方式来改良品种，

水稻在自然状态下，是异花授粉的植物，图为育种学家正在为水稻进行自花授粉，借此可培育出水稻的纯种品系。（图片提供/达志影像）

必须通过作物的性状观察、选种、栽培、授粉交配、田间试验等，一连串耗时且复杂的过程，改良作物的遗传特性，提高作物适应环境和抵抗病虫害的能力，以达到增加产量的目的，也可以改进作物的品质。目前世界上主要作物的品种，大多是经过长时间的育种改良，例如著名的日本越光米，就是花了10多年的时间才培育出来的。

无籽西瓜

炎炎夏日，冰凉的西瓜可以说是最佳的消暑圣品。但美中不足的是，边吃西瓜要边吐西瓜

无籽西瓜刚培育成功时，产量低、费用高，经过数十年的研究，现在无籽西瓜的生产已十分普及。（图片提供/达志影像）

籽，于是育种学家想办法培育出"无籽西瓜"。所谓的无籽西瓜，是先利用药剂处理，将二倍体西瓜细胞中原有的22对染色体复制成44对（四倍体），然后再和原来的二倍体授粉交配，长出了三倍体的西瓜种子；三倍体的植物很难受精，但还是可以单性结果，结出的西瓜便没有种子。日本植物学家木原均首先于1951年培育成三倍体无籽西瓜。

转基因

人类通过栽培和育种技术，开创了绿色革命的时代，而随着医学与生物科技的发展，转基因技术应用在农产品的品种改良上，为农业生产带来了另一个新的发展，因此被视为是第二次绿色革命。

转基因大豆主要生产于美国，颜色比传统大豆黄，而且有一个明显黑色的脐。图为非转基因大豆，脐的颜色较淡。（摄影/张君豪）

奇妙的基因

基因存在于细胞的染色体上，它的功能是携带遗传信息，决定生物体的特质。以农作物为例，基因可以决定农作物的高度、适应环境的能力、抵抗病虫害的能力、谷粒养分的含量、花卉的颜色表现等；而以家畜和家禽为例，基因可以决定猪每胎的产子数、乳牛的产乳量和牛乳品质、鸡的产蛋量和鸡蛋品质等。基因由DNA组成，可借由DNA的复制和生物的繁殖，将上一代的特性遗传到下一代，完全符合中国的俗语"种瓜得瓜，种豆得豆"。

科学家正在分离出豆类植物的基因，进一步检测是否具有抗病的基因存在。（图片提供/达志影像）

右图：通过基因克隆技术，可以复制出两只一模一样的小牛。图中的霍利和贝尔（Holly＆Belle）是荷兰科学家通过基因克隆技术育成的两只克隆牛。（图片提供/欧新社）

转基因技术

转基因技术是一种通过基因工程，引入外源基因改变生物原有基因组成的方法。例如将苏云金芽孢杆菌细胞内可以产生抗虫物质的基因，移植到农作物中，就能使作物拥有抵抗害虫的能力，减少农药的使用。利用转基因生物为原料所制成的食品，称为"转基因食品"（GMF）。2009年全球转基因作物有86%在美洲种植，主要是大豆、玉米、棉花与油菜。转基因食品的发展有无限的可能，但是否对人体健康及生态环境造成影响，是值得关心和研究的问题。

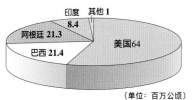

印度 其他1
阿根廷 21.3
巴西 21.4
美国64
8.4
（单位：百万公顷）

上图：基因克隆猪具有医学研究的价值，目前人类已将凝血因子基因，成功移植到猪的体内，期望将来可进一步研发出治疗血友病的药物。（图片提供／达志影像）

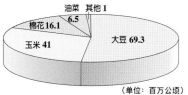

油菜 其他1
棉花16.1
玉米41
6.5
大豆 69.3
（单位：百万公顷）

2009年，美国是世界上主要生产转基因食品的国家，大豆则是世界上栽培面积最广的转基因作物。（制图／陈淑敏）

黄金米传奇

黄金米是转基因稻米的一种，米粒因含有β胡萝卜素而呈现金黄色。这种特别的稻米，是欧洲科学家通过转基因技术，花了近10年的时间，将3个分别取自于细菌、黄水仙花和青豆的基因移植到水稻中，这3个基因共同表现，使在米粒中合成了β胡萝卜素。β胡萝卜素是一种植物色素，吃进人体后就会转换成维生素A，维生素A除了具有抗氧化的功能，也有益视力健康。如此一来，吃米饭顺便就补充了维生素A，可说是一举两得。

米是东方人的主食，但黄金米却诞生于欧洲的瑞士，是令人惊奇的农业成就。（图片提供／欧新社）

农业与环境

1962年，美国瑞秋·卡森女士从世界各地搜集了有关农药危害的资料，写成《寂静的春天》一书。这本关于环保的代表性著作，立刻引起广大的回响，也促使各国开始注意使用化学杀虫剂和农药对环境造成的问题。

吻仔鱼富含钙质，是许多种沙丁鱼类的幼苗，但长期过度的捕捞，使海洋鱼类资源面临枯竭的危机。（摄影/张君豪）

农业生产对环境的影响

随着农业长期的发展，对环境和自然生态也渐渐产生了某种程度的破坏。例如不当的开垦土地，以及长期使用农业机械耕耘，造成土壤冲刷和流失；农药和化学肥料的长期使用，以及没有适当处理的畜牧粪便和废水，造成空气、土壤和水源的污染；过度和不当的渔业捕捞或森林开发，造成海洋和森林生态的破坏。这些影响不仅危害人类和其他生物的生存，同时也影响了农业未来的发展。

不当的捕捞或弃置渔网，对各种海洋生物造成了伤害。（图片提供/达志影像）

回归自然的有机农业

有鉴于各种农业活动对环境造成的破坏，许多国家开始提倡回归自然的农业操作。早在1924年德国的施泰纳就开始提倡有机农业，强调在农业生产的过程中，使用自然的方式，例如：以耕作技术如轮作、间作等取代化学肥料的大量使用；利用作物茎秆、落叶及其他动植物废弃物为材料，经微生物分解后，制成天然有机肥料，取代化学肥料来培养健康的

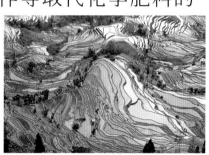

梯田以阶梯式的方式来开发山坡地，种植农作物，能减少山坡地水土的流失。（图片提供/维基百科）

土壤，以生产健康的作物；同时不使用化学农药，而利用生态平衡原理如生物防治法，来防治病虫害等。

马来西亚的一处苗圃，是测试森林吸收CO_2效用的研究计划之一，以改善全球气候变暖的问题。（图片提供/达志影像）

人工鱼礁

人工鱼礁是指把天然或人造的物体投入海中，借着这些物体特殊的复杂结构，提供海洋生物一个栖息和觅食的场所，是一种增加渔产量的积极方法。自1950年起，世界各国有鉴于沿岸的鱼类资源逐渐枯竭，于是陆续实施设置人工鱼礁的计划。人工鱼礁除了能形成渔场，还能间接防止拖网船侵入沿岸海域作业，进而保障了沿岸和近海的渔业资源，可以说是兼具资源培育和保护的功能。人工鱼礁设置的位置和方法，事先须经过详细评估，考虑鱼群的种类、经济效益、水文环境等因素，若随意设置，反而可能成为破坏海洋环境的凶手。

人工鱼礁也可以作为龙虾的栖息地。（图片提供/达志影像）

英语关键词

农业	agriculture		肥料	manure
农民	farmer		绿肥	green manure
农场	farm		杂草	weed
农产品	product		植物病害	plant disease
农作物	crop		害虫	pest
经济作物	cash crop		病菌	germ
园艺	horticulture		蝗虫	locust
观赏植物	ornamental plant		畜牧	pasturage
蔬菜	vegetable		饲料	feedstuff
水果	fruit		家畜	livestock
栽培	cultivate		家禽	poultry
种子	seed		畜舍	stable
轮作	rotate		渔业	fishery
犁	plow		水产养殖	aquiculture
拖拉机	tractor		远洋渔业	pelagic fishery
收割机	reaper		拖网渔船	trawlboat
农药	agrichemical		渔场	fishing ground

渔民　fisherman

渔网　fishnet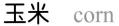

林业　forestry

森林　forest

护林员　forestranger

伐木业　lumbering

绿色革命　green revolution

育种　breeding

基因　gene

转基因食品　genetically modified food（GMF）

环境　environment

污染　pollution

有机农业　organic farming

稻米　rice

小麦　wheat

大麦　barley

玉米　corn

燕麦　oat

鸡　chicken

火鸡　turkey

鸭　duck

鹅　goose

猪　pig

牛　cow

羊　sheep

马　horse

鱼　fish

鲑鱼　salmon

金枪鱼　tuna

虾　shrimp

螃蟹　crab

贝　shellfish

藻类　alga

新视野学习单

1 关于农业，下列哪些说法是正确的？在（ ）打✓。

（ ）除了种植农作物，农业还包括林业、畜牧、渔业等活动。
（ ）古老的埃及位于荒芜的沙漠地区，因此没有农业的发展。
（ ）农产品具有经济的价值。
（ ）农业是从事生产的活动，不具有休闲和教育的功能。
（ ）现代农业强调专业与分工。

（答案在06—07页）

2 连连看，下列农作物分别属于哪一类？

小麦·　　　　·蔬菜
烟草·　　　　·水果
牧草·　　　　·绿肥作物
紫云英·　　　·观赏植物
卷心菜·　　　·粮食
香蕉·　　　　·经济作物
菊花·　　　　·饲料

（答案在08—11页）

3 下面哪些方法，有助于提高农作物的产量？在（ ）打✓。

（ ）在同一块农地上，轮流耕种不同的农作物。
（ ）种植时，农作物之间保持适当的间隔。
（ ）不除草也不除虫。
（ ）适当的灌溉和施肥。
（ ）预防病虫害的发生。

（答案在12—13页）

4 连连看，下列农业机具有什么用途？

犁·　　　　　·插秧
龙骨水车·　　·灌溉、排水
联合收割机·　·翻土
插秧机·　　　·收割、脱谷
拖拉机·　　　·拖动其他农业机具

（答案在14—15页）

5 请写出3种可以预防作物病虫害的方法。

1.＿＿＿＿＿＿＿＿＿＿＿＿＿＿＿＿＿＿＿＿＿＿＿
2.＿＿＿＿＿＿＿＿＿＿＿＿＿＿＿＿＿＿＿＿＿＿＿
3.＿＿＿＿＿＿＿＿＿＿＿＿＿＿＿＿＿＿＿＿＿＿＿

（答案在16—17页）

6 人类饲养的家畜和家禽有哪些？有什么用途？请写出5种。

种类＿＿＿＿＿＿＿＿＿＿＿＿＿＿＿＿＿＿＿＿＿＿

用途＿＿＿＿＿＿＿＿＿＿＿＿＿＿＿＿＿＿＿＿＿＿

（答案在18—21页）

7 请选出对的答案。（单选）

（　）哪一种水产品的种类最多？（1鱼 2虾 3贝类 4海藻）。

（　）用来作为食品原料的甲壳素，可以从哪一种水产品提炼出来？（1鱼 2虾 3贝类 4藻类）。

（　）主要是用来捕捉洄游鱼类的，是哪一种网具？（1延绳钓 2底刺网 3定置网 4拖网）。

（　）台湾位于世界的哪一个渔场？（1西太平洋 2东北太平洋 3西北大西洋 4东南太平洋）。

（　）下列哪项"不是"护林员的工作？（1巡逻森林 2育苗造林 3森林资源调查 4木材加工）。

（答案在22—27页）

8 请在（）中填入适当的答案。

1.在绿色革命中，由美国科学家博劳格培育出的小麦新品种为（　　　　）。

2.培育出奇迹米的研究单位，是位于菲律宾的（　　　　）。

3.绿色革命的出现，主要是（　　　　）技术的突破。

4.最早培育出无籽西瓜的人是（　　　　）。

5.绿色革命主要是解决（　　　　）不足的问题。

（答案在28—29页）

9 关于转基因，下列哪些说法是正确的？在（）打✓。

（　）基因可以影响农作物的高度。

（　）通过转基因技术，可以改变农作物原有的特性。

（　）转基因技术可以让农作物具有抵抗病虫害的能力。

（　）目前世界上种植最多的转基因作物是玉米。

（答案在30—31页）

10 请选出对的答案。

（　）《寂静的春天》是一本关于哪方面的书？（1历史 2环保 3经济 4医学）。

（　）农业生产对环境造成什么负面的影响？（1土壤流失 2水污染 3生态破坏 4以上都是）。

（　）最早提倡有机农业栽培的是哪一国人？（1美国 2中国 3德国 4法国）。

（　）下面哪一项"不属于"有机农业的做法？（1大量使用化学农药 2使用有机肥料 3使用生物防治 4采行轮作）。

（答案在32—33页）

■■ 我想知道……

这里有30个有意思的问题，请你沿着格子前进，找出答案，你将会有意想不到的惊喜哦！

开始！

人类什么时候开始发展农业？ P.06

什么是经济作物？ P.08

牧草包植物？

蛋鸡和肉鸡的饲料有何不同？ P.20

火鸡是由谁开始驯养的？ P.20

家禽的羽绒有什么用途？ P.21

太棒赢得金牌

人类最早饲养哪种家禽？ P.20

为什么要种植转基因作物？ P.31

什么是"有机农业"？ P.33

什么是人工鱼礁？ P.33

猪粪有什么用途？ P.19

是谁最早培育无籽西瓜？ P.29

"奇迹麦"和"奇迹米"是什么？ P.29

颁发洲金

太厉害了，非洲金牌也是你的！

DDT是谁发明的？ P.17

蝗虫为什么是农民最怕的昆虫？ P.16

拖拉机的发明对农业有何影响？ P.15

荷兰为这么多

活哪些
P.09

哪个地方最早出现栽培稻?
P.09

"一亩园，十亩田"是什么意思?
P.10

不错哦，你已前进5格。送你一块亚洲金牌！

哪3种花卉的产量是世界上最高的?
P.11

了，
美洲

世界最早的水产养殖著作是谁写的?
P.22

什么是"海产牛乳"?
P.22

什么是"轮作"?
P.12

太好了！
你是不是觉得：
Open a Book！
Open the World！

鱼鳞和鱼皮有什么用途?
P.23

水耕栽培有什么优点?
P.13

大洋牌。

防护林有什么功用?
P.27

中国东南沿海和台湾地区属于哪个渔场?
P.25

最早的农具是用什么做成的?
P.14

什么有风车?
P.15

龙骨水车有什么功用?
P.14

获得欧洲金牌一枚，请继续加油！

农耕用的犁是如何发展出来的?
P.14

图书在版编目（CIP）数据

农业：大字版 / 高爱菱撰文 . —北京：中国盲文
出版社，2014.9
　（新视野学习百科；81）
　ISBN 978-7-5002-5393-8

Ⅰ．①农… Ⅱ．①高… Ⅲ．①农业技术—青少年读物
Ⅳ．① S-49

中国版本图书馆 CIP 数据核字 (2014) 第 205328 号

　原出版者：暢談國際文化事業股份有限公司
　著作权合同登记号 图字：01-2014-2096 号

农　业

撰　　　文：高爱菱
审　　　订：郭华仁等
责任编辑：侯　娜
出版发行：中国盲文出版社
社　　　址：北京市西城区太平街甲 6 号
邮政编码：100050
印　　　刷：北京盛通印刷股份有限公司
经　　　销：新华书店
开　　　本：889×1194　1/16
字　　　数：33 千字
印　　　张：2.5
版　　　次：2014 年 12 月第 1 版　2014 年 12 月第 1 次印刷
书　　　号：ISBN 978-7-5002-5393-8/S・33
定　　　价：16.00 元
销售热线：（010）83190288 83190292　　　　　版权所有　侵权必究